MÉMOIRE

SUR LA

CHAMPANISATION DES VINS

PAR

M. LOUIS ROUSSEAU

(EXTRAIT DE LA REVUE SCIENTIFIQUE ET INDUSTRIELLE.)

PARIS

IMPRIMERIE DE L. MARTINET

RUE ET HOTEL MIGNON, 2

1852

DE LA CHAMPANISATION DES VINS ET AUTRES BOISSONS FERMENTÉES,

PAR M. LOUIS ROUSSEAU.

> « Il résulte de tout ce que nous savons
> » sur les divers modes d'obtenir des vins
> » mousseux, que cette fabrication repose
> » encore aujourd'hui sur des procédés
> » tout à fait empiriques qui demandent
> » beaucoup d'adresse et d'intelligence. »
>
> *Maison rustique du* XIXe *siècle.*

Les aliments de l'homme civilisé peuvent être rangés en deux catégories, les nutritifs et les stimulants. Les premiers répondent aux besoins de la vie animale ; les derniers, sans sortir du domaine de la nature, y occupent néanmoins un rang plus élevé, en ce sens qu'ils exercent sur l'être humain certaines influences morales, chacun selon sa vertu propre, celui-ci en dilatant le cœur, celui-là en aiguisant l'esprit, etc.; c'est pourquoi le législateur et le philosophe ont soin de les prendre en sérieuse considération dans leurs études sur les mœurs.

Les aliments purement nutritifs sont en général des substances fixes, tandis que les stimulants sont volatiles. Qu'importe que l'art culinaire introduise ces substances les unes dans les autres ! Le goût et la santé n'ont qu'à s'en applaudir, et cela n'infirme en rien la distinction que nous venons de faire. Quoi qu'il en soit, si l'on entreprenait d'interdire à une société avancée en civilisation l'usage modéré des aliments stimulants, l'on dépouillerait par cela seul son régime de vie de ce qui en fait le charme et en constitue, pour ainsi dire, la partie poétique ; c'est ce que nous ne saurions approuver, tout en blâmant l'abus que l'homme est trop enclin à faire des stimulants en général.

De tous les aliments de cette espèce que la nature, aidée de l'art, a mis à la disposition de l'homme, il n'en est aucun dont l'importance morale et sociale égale celle du vin, ou à son défaut celle des boissons fermentées qui le suppléent. Il est écrit dans les livres saints:

« Le vin bu avec sobriété est une seconde vie... »

« Le vin a été créé pour la joie de l'homme et non pour la perte » de sa raison... »

« L'usage modéré du vin est la santé de l'âme et du corps.... (1) »

Il résulte de ces maximes d'un écrivain inspiré que, si l'homme

(1) *Ecclésiastique,* liv. XXXI, v. 32, 35, 37.

se dégrade en perdant sa raison dans l'ivresse, il aurait du moins
tort de s'interdire systématiquement l'usage du vin, sauf dans le
cas exceptionnel de la vie ascétique; car, bue avec modération,
cette boisson exalte le sentiment de l'existence et allége temporai-
rement les peines de la vie. Cependant cette précieuse tonicité
du vin ne réside pas uniquement dans l'alcool qu'il contient;
loin de là, son arôme ou bouquet, aussi bien que le gaz acide
carbonique qu'il retient, ne fût-ce qu'en poids égal à celui de
l'atmosphère, y contribuent pour leur part respective, chacun
suivant sa propriété particulière; car, bien que ces deux derniers produits de la fermentation vineuse diffèrent de l'alcool
et l'un de l'autre dans leur mode d'action sur l'organisme, il n'en
est pas moins vrai que tous deux peuvent suppléer une certaine
dose d'alcool absent et se suppléer l'un l'autre en certaine mesure.
Au reste, s'il nous faut prouver par des faits notoires l'existence
d'un triple principe stimulant dans le vin, il nous sera facile d'en
trouver :

Il y a à peine un siècle que les amis d'une sage tempérance,
désolés de voir certains peuples adonnés à la plus grossière ivrognerie, accueillirent avec bonheur l'usage de boire du thé à dé-
jeuner, en remplacement des liqueurs alcooliques; en effet, cette
substitution d'un breuvage purement aromatique aux boissons
fermentées étant devenue générale, pour le premier repas du jour,
dans presque tous les États du Nord, il en est résulté, sans trop de
privations, que les occasions de faire excès des boissons enivrantes
étant désormais moins fréquentes, une amélioration sensible s'est
ensuivie dans les habitudes morales des populations.

A une époque plus rapprochée de nous, l'usage à peu près universel de la pomme de terre en guise de pain, ayant, comme on
aurait dû s'y attendre, produit dans les mêmes contrées une dé-
plorable recrudescence d'ivrognerie parmi les classes inférieures
de la société, des philanthropes, animés sans doute de fort bonnes
intentions, ont imaginé, pour remédier à ce mal, d'instituer les
sociétés de tempérance que chacun connait; toutefois, ces réforma-
teurs, en interdisant à leurs affiliés les liqueurs alcooliques, leur
permettent de boire de l'eau de seltz; or, quelque insuffisante que
semble une pareille succédanée, elle n'a pas laissé que d'alléger
passablement la rigueur de l'interdiction.

Il résulte de ces deux faits notoires que les vertus stimulantes
de l'alcool peuvent être remplacées en certaine mesure, soit par
un arôme quelconque, mais plus particulièrement par celui que
l'on désigne sous le nom de bouquet, et qui se forme dans le vin,

pendant sa fermentation insensible, soit par une charge supérieure au poids de l'atmosphère du gaz acide carbonique produit naturellement dans la liqueur par sa fermentation en vase clos, comme c'est le cas des vins mousseux. En effet, les gourmets et les personnes douées de sens délicats ne prisent pas les vins purement et simplement en raison de leur spirituosité; et l'on connaît même plus d'un vignoble de grand renom dont les produits délicieux sont fort peu riches en alcool; mais cette légèreté relative est complétement rachetée par le charme et les vertus diététiques de leur bouquet. C'est en vertu du même principe que les vins de champagne mousseux, qui passionnent si fort les consommateurs de tous les pays du monde et en l'absence desquels il n'y a pas de festin complet, possèdent comparativement peu de vinosité, et ne pourraient que perdre en qualité à en avoir davantage; en effet, comme nous l'avons déjà fait entendre, si l'organisme est échauffé, ou stimulé à un certain point par l'action particulière du gaz acide, il y aurait excès de principe stimulant et, par suite, désordre organique, si la proportion d'alcool était plus forte qu'il ne convient en pareil cas.

Concluons de ce qui précède que le gaz acide carbonique retenu au delà d'une atmosphère dans les vins appropriés à la mousse, équivaut à une quantité proportionnelle d'alcool; en sorte qu'un vin mousseux et convenablement dégorgé partage avec ceux riches en bouquet, le privilége d'être très agréable et très sain, sans pourtant être très spiritueux. Le gaz acide a donc une valeur commerciale comparable en chiffres positifs à celle de l'alcool et l'économie publique est ici d'accord avec la saine philosophie, pour désirer que la production et la consommation des vins mousseux prennent plus d'extension qu'elles n'en ont eue jusqu'à ce jour. Au surplus, quelque convaincu que nous soyons de l'excellence des bons vins mousseux, traités à la manière de Champagne, nous n'avons nullement l'intention de les prôner, au détriment de ceux que nous appellerons placides par opposition de termes; car les uns et les autres ont leur emploi et leur place assignés par l'usage et l'hygiène dans la vie confortable. Enfin, abstraction faite des vins fins, soit mousseux, soit placides, nous sommes loin de conspuer ceux dont le principal, ou même le seul mérite consiste dans leur spirituosité; car il est vrai de dire qu'ils répondent au besoin le plus universel et occupent le premier rang dans le bilan de la richesse publique.

Avant de nous engager dans une dissertation technique relative aux vins mousseux, il est utile, pour la clarté du discours, d'exposer les principes de la fermentation vineuse.

Notions préliminaires sur la vinification.

Une liqueur n'est fermentescible qu'en tant qu'elle contient une certaine quantité de sucre en dissolution, plus une matière azotée que l'on désigne sous le nom de ferment. Ces deux causes déterminantes de la fermentation alcoolique se rencontrent naturellement dans le raisin et dans plusieurs autres fruits ; le jus qu'on en extrait et qu'on destine à fermenter s'appelle moût.

La liqueur sucrée que l'on obtient des grains germés, en mettant la diastase en contact avec la fécule, s'appelle, en termes de brasserie, *trempe*, et le ferment employé dans cette opération s'appelle *levure ;* mais la trempe destinée à faire de la bière ne contient par elle-même aucun ferment naturel, et l'on ne parvient à lui imprimer le mouvement de fermentation qu'en y introduisant une partie de la levure d'un brassin précédent ; celle-ci à son tour en *engendre* d'autre, en quantité surabondante, pour le brassin suivant.

Dès qu'un moût ou une trempe mise en levain sont placés dans une température convenable, le ferment, élément actif de la fermentation, décompose le sucre qui en est l'élément passif, et le convertit en alcool. Mais l'alcool n'est pas le seul résultat de l'opération ; car elle produit une énorme quantité de gaz acide carbonique, et le ferment préexistant engendre dans la liqueur de nouveau ferment.

Le sucre est un corps *sui generis* qu'il est à peine besoin de décrire, tant il est bien et universellement connu ; mais quelle est cette matière azotée et organisée que nous avons appelée ferment, et quel est le rôle qu'elle joue dans la fermentation ? Ici nous ne pouvons mieux faire que de laisser parler M. Dumas :

« Les fermentations sont toujours des phénomènes de même » ordre que ceux qui caractérisent l'accomplissement régulier des » actes de la vie animale......

» Le ferment nous apparaît donc comme un être organisé qui ab- » sorbe à son profit la force au moyen de laquelle étaient unies les » particules des corps qui éprouvent la fermentation ; il consomme » cette force et se l'approprie.

» Ainsi dans toute fermentation apparaît comme agent princi- » pal une matière azotée, organisée, neutre, qui semble vivre et se » développer ; et comme matériaux plusieurs substances organisées » complexes qui se dédoublent et se transforment de la sorte en » produits plus simples.

» Dès qu'un ferment trouve réunies les conditions de son exis-

» tence, c'est-à-dire une matière organique à décomposer, et celle
» de son développement, c'est-à-dire une matière organisée ou
» organisable à s'assimiler, ce ferment semble agir et se dévelop-
» per, comme le ferait une suite de générations d'êtres organisés
» quelconques. »

On voit par ce court extrait du cours de chimie appliquée aux
arts, combien est juste la définition que Lavoisier a donnée de la
fermentation alcoolique : « C'est, dit-il, une opération dans laquelle
» les éléments du sucre se transforment en alcool, sous l'influence
» du ferment. »

Cependant le rôle important, le rôle essentiel que joue le ferment
dans cette sublime opération de la nature n'empêche pas qu'il ne
soit par lui-même une substance impropre à servir à l'alimentation
de l'homme, et que toute boisson où il se trouve suspendu ne soit,
par cela seul, dégoûtante et insalubre; c'est pourquoi il est de la
plus haute importance de l'en expulser avant de la boire. Certes,
quand le consommateur repousse avec dégoût une liqueur trouble,
et exige au contraire que sa boisson présente à l'œil une limpidité
cristalline, il fait acte de prudence, non moins que de sensualité.
Au surplus pour convaincre nos lecteurs du danger que présente
toute liqueur alcoolique contenant les plus minimes quantités de
ferment, laissons encore parler l'illustre professeur déjà cité :

« Comme tous les liquides de la vie animale présentent les con-
» ditions nécessaires à l'action du ferment, les effets résultant de
» cette action, notamment la décomposition de la matière organi-
» que, pendant la vie ou après la mort des êtres organisés, doivent
» être immenses et ils le sont en effet.

» Combien de maladies qui résultent de l'introduction fortuite
» d'un ferment dans le sang ! On comprend sans peine l'épouvan-
» table désordre qui doit résulter pour l'économie de l'envahisse-
» ment soudain d'un liquide important, par des myriades d'êtres
» microscopiques, se multipliant à l'infini, aux dépens de la ma-
» tière animale qu'ils décomposent......

» Le microscope à la main, tout le monde pourra s'assurer que
» le ferment est organisé. Si l'on examine la levure de bière avant
» la fermentation, on voit qu'elle est formée en entier de globules,
» ou de corpuscules légèrement ovoïdes de un centième de milli-
» mètre de diamètre; souvent leur pourtour semble garni de petits
» appendices qu'on regarde comme de véritables bourgeons annexés
» aux cellules mères. Aussitôt que la fermentation est en train, la
» levure ne reste pas un instant oisive; ces petits corps dioscoïdes
» s'agitent en tout sens, et si la substance soumise à la fermenta-

» tion est mêlée d'une matière azotée, ils deviennent plus volumi-
» neux ; les petits appendices latéraux se développent et quand
» ils ont acquis de certaines dimensions, ils se détachent, pour
» vivre isolément à leur tour et donner naissance à d'autres bour-
» geons. »

D'après cela l'on ne peut mettre en doute l'analogie qui existe entre le développement du ferment et celui des animalcules microscopiques, et l'on conçoit facilement qu'une boisson dans laquelle une pareille substance se trouve mêlée soit aussi nuisible à la santé que désagréable au goût. C'est ce qui justifie suffisamment l'exigence de l'hygiéniste et du gourmet, en ce qui concerne la parfaite limpidité du vin. Or, ce que nous disons ici du vin s'applique *a fortiori* à la bière dont le ferment est beaucoup plus rapproché du règne animal que celui du vin.

Cependant on conçoit que tout le ferment qui n'a pas été expulsé du vaisseau vinaire doit se retrouver ultérieurement suspendu ou précipité dans la liqueur. Il est vrai de dire que dans les vins blancs qui ne cuvent pas, une grande partie du ferment produit pendant l'opération est expulsé de la barrique par la bonde, et que dans les vins rouges une portion non moins grande de ce même ferment se précipite sous forme de lie ; toutefois, nonobstant ces deux bons effets naturels, les vins rouges ou blancs présentent encore longtemps cette opacité qui atteste la présence d'une matière épaisse qui les déshonorerait, si l'on n'y remédiait au moyen du collage, du soutirage et autres remaniements dont, à vrai dire, le vin s'accommode fort mal. La Société d'encouragement provoque, depuis plus de quinze ans, la solution de cette question : *Faire connaître une substance propre à remplacer la colle de poisson dans la clarification de la bière.* Pourquoi l'honorable société ne comprend-elle pas le vin dans son programme ? Est-ce que la matière glaireuse et dégoûtante dont elle condamne avec raison l'emploi dans la clarification de la bière, ne sert pas, dans la plupart des cas, à clarifier aussi les vins, surtout les blancs ?

A présent que l'on connaît l'importance du ferment dans la fermentation, ainsi que les inconvénients et les dangers de sa présence dans le vin, quand est venu le moment de le boire, étudions avec le même soin les propriétés du gaz acide carbonique, ce troisième produit de la fermentation alcoolique. Chacun sait que le vin dégage en fermentant de dix-huit à trente-six fois son volume de gaz acide carbonique, suivant la pesanteur du moût ; ce gaz commence par expulser de la liqueur tout l'air atmosphérique qu'elle contenait, car l'eau et tous les liquides où l'hydrogène et l'oxygène sont combinés dans les proportions pour faire de l'eau, possèdent la propriété de contenir les fluides aériformes, à peu près comme les corps spongieux ont celle de contenir les liquides. Il s'ensuit que les vins placides eux-mêmes, pour peu qu'ils aient été bien conduits, contiennent la quantité d'acide carbonique que retient en eux le simple poids de l'atmosphère; à défaut de quoi ils seraient plats, quelque spiritueux qu'ils fussent d'ailleurs.

C'est pour exalter les effets agréables et salubres résultant de la présence de ce précieux gaz qu'on a imaginé de mettre le vin dans des vases hermétiquement clos, où il achève sa fermentation, sinon en refait une nouvelle, à l'aide des substances fermentescibles qu'on y introduit. Moyennant ces dispositions, l'on conçoit que tout le gaz acide qui se dégage pendant ce travail ultérieur ne pouvant s'échapper de la bouteille, se trouve retenu dans la liqueur, où en vertu de sa prodigieuse élasticité, il peut être réduit au huitième et même au douzième de son volume naturel, pourvu que le vase soit assez solide pour supporter une pareille pression. D'après la loi de Mariotte, la réduction de volume de l'acide carbonique ainsi comprimé indique le nombre de pressions atmosphériques des fluides contenus dans la bouteille; ainsi, lorsque le gaz en s'accumulant est réduit au quart de son volume naturel, on sait que le vase supporte une pression intérieure égale à quatre fois le poids de l'atmosphère, c'est-à-dire 4 kilogrammes par centimètre carré; s'il est réduit au sixième, la pression est de six atmosphères, et ainsi de suite. C'est pourquoi, lorsque l'on débouche la bouteille qui contient un fluide élastique ainsi tendu, celui-ci commence aussitôt à prendre une expansion qui le chasse hors du vase, en même temps que le vin auquel il est mêlé plus ou moins intimement; c'est alors que se présente à la surface de la liqueur l'effet physique connu sous le nom de mousse.

Cependant, bien que les gourmets exigent dans le vin mousseux une forte charge de gaz acide, ils sont loin d'applaudir à celui qui, après avoir produit une forte détonation, laisse échapper son gaz en grosses bulles et en un clin d'œil; loin de là, ils le désignent sous le nom de vin fou et le repoussent avec dédain, car ils savent que les bons vins mousseux ne sont pas ceux qui ont fermenté tumultueusement à la manière de la bière de Paris, mais au contraire ceux dont le travail s'est fait à froid et aussi lentement que possible. Dans ces derniers seulement, la mousse résulte d'une infinité de bulles gazéiformes très fines, très nombreuses, et dont le dégagement dure fort longtemps, indices certains que le gaz acide carbonique y était retenu à l'état vésiculeux élastique, ce qui ne peut avoir lieu que dans un vin conduit d'après les véritables règles de l'art.

Il en coûte à un simple observateur étranger à la science, et qui ne doit la découverte de quelques vérités qu'à une patiente et persévérante activité, d'être dans le cas de signaler quelques erreurs accréditées par les savants les plus distingués; mais quand je les vois tous, les uns après les autres, répéter que la fermentation alcoolique ne se fait bien qu'entre 20 et 25 degrés de température, je ne puis m'empêcher d'opposer à une pareille assertion la conviction contraire, fruit de mes cinquante ans d'expérience. La vérité est que la fermentation peut avoir lieu à une température d'autant plus basse, que le ferment qui la détermine est doué de plus d'énergie. Sans contredit la bière de Paris s'accommode d'une température de 20 à 25 degrés, voire même des chaleurs de la canicule; mais on ne prétend pas apparemment prendre cette pratique défectueuse pour règle, ni présenter la brasserie parisienne comme prototype des bonnes méthodes de fermentation. J'ai vu, pendant l'hiver de 1837-1838, dans la brasserie de M. Robert More, à Londres, l'excellente *ale*, façon d'Écosse, qui s'y fabrique, fermenter dans la cuve guilloire par une température au-dessous de zéro; il est vrai que cette fermentation était fort lente, et que pour l'activer les ouvriers avaient soin de refouler de temps en temps la levure dans la bière. Du reste, personne dans la brasserie ne paraissait inquiet de ce ralentissement, et l'on semblait au contraire convaincu que l'*ale* en serait d'autant meilleure. Chacun sait d'ailleurs que, dans les pays du Nord, la bière de garde qui répond à nos vins généreux ne se fabrique qu'à partir de la mi-octobre à la mi-avril au plus tard, et qu'une brasserie qui travaillerait en été pour autre chose que de la bière légère et éphémère encourrait par cela seul le décri public.

Il est vrai que, pour faire fermenter une trempe sous une température inférieure à 10 degrés centigrades, terme le plus favorable, il faut disposer d'un levain énergique provenant d'une fermentation semblable; aussi, nonobstant l'immense quantité de levure qui se produit à Paris, est-on obligé d'en faire venir des départements du Nord, toutes les fois qu'on veut rentrer dans les voies normales de l'art du brasseur, ou qu'on veut imprimer une bonne fermentation à un moût quelconque. N'est-ce pas là une preuve de plus que le ferment est organisé, et que les corpuscules dont il se compose apportent en naissant les bonnes et les mauvaises propriétés de leurs générateurs? Les uns sont débiles et frileux comme ceux dont ils proviennent; les autres, actifs et vigoureux, vivent dans un milieu très froid.

Du reste, je regrette de ne pouvoir, dans un mémoire particulièrement destiné au vin, traiter *in extenso* la question relative à la bière, car cette étude jetterait un grand jour sur l'art œnologique proprement dit. Quoi qu'il en soit, pour revenir à notre sujet particulier et convaincre les viticulteurs qu'une haute température n'est pas nécessaire à la bonne fermentation, et qu'au contraire plus le moût fermente à froid, meilleur est le vin, je dois dire, en preuve de cette assertion, que, dans l'automne de 1818, faisant la vendange dans un vignoble du département de Seine-et-Oise fort peu renommé pour la qualité de ses produits, ou pour mieux dire renommé, dans le sens inverse, je mis mon moût à cuver par un temps clair et sec, mais froid, c'est-à-dire qu'il gelait toutes les nuits et que le thermomètre ne s'élevait pas pendant le jour à plus de 3 degrés. Cependant la fermentation s'établit fort activement, et j'eus un vin très supérieur à la qualité ordinaire du crû, et même bon. Il va sans dire que je n'étends pas ce principe aux vignobles méridionaux dont les raisins très sucrés contiennent relativement peu de ferment, et dont le jus a besoin, pour entrer en fermentation, du concours de la chaleur.

Mais si une température trop élevée pendant la première fermentation du vin nuit à sa qualité, cette circonstance est encore bien plus défavorable pendant le travail qu'il subit ultérieurement dans les bouteilles où il prend la mousse. C'est pourquoi les celliers souterrains où les producteurs champenois font leurs opérations, et où la température ne s'élève presque jamais au-dessus de 10 degrés, exercent une haute influence sur la qualité de leurs vins. Toutefois, quand ils destinent ceux-ci à être transportés dans les climats chauds, ils ont le soin assurément très prudent de les tenir pendant quelque temps sous l'influence d'une température plus élevée; l'on comprend facilement la nécessité de cette précaution.

Ce que nous avons dit plus haut à l'occasion des eaux et des limouades, qui d'insipides ou atoniques qu'elles sont dans le principe, deviennent comparativement agréables et saines, à la faveur d'une charge artificielle d'acide carbonique, est déjà un commencement de preuve des bons effets de ce précieux gaz sur nos organes; cependant il n'y a nulle comparaison à établir entre les effets gastronomiques et hygiéniques d'un gaz acide produit chimiquement et introduit de force dans une liqueur quelconque et celui que dégage la liqueur elle-même en fermentant et qui est retenu en elle par l'hermétique clôture du vase qui la contient; or, il n'est personne qui, ayant bu une fois du bon vin de Champagne mousseux, n'ait éprouvé ce doux échauffement de l'organisme, cette dilatation des papilles nerveuses intérieures et extérieures, en un mot cet état de bien-être inaccoutumé que l'alcool seul serait impuissant à produire, c'est une stimulation composée qui résulte en grande partie de l'acide carbonique contenu en excès dans le vin. En parlant du ferment, nous aurions dû dire qu'un de ses pernicieux effets sur la santé est de resserrer les voies urinaires et de relâcher les intestins; il n'est pas rare en effet, surtout en été, de voir des personnes atteintes momentanément d'une rétention d'urine aussitôt après avoir bu de la bière mousseuse peu claire; chacun connaît, au contraire, la vertu diurétique du gaz acide carbonique. Bref, s'il entrait dans notre programme de nous étendre sur la partie hygiénique du sujet, il nous serait facile de prouver que le ferment et l'acide carbonique possèdent une foule de propriétés opposées, et l'on verrait que toutes les mauvaises appartiennent à la première de ces deux substances, et les bonnes à la dernière. C'est à ce point de vue surtout qu'on peut comprendre le problème œnologique que les viticulteurs champenois se sont posé, et la manière consciencieuse dont ils l'ont résolu, abstraction faite d'ailleurs des vices industriels de leur ancienne pratique, désormais insuffisante, et en arrière des progrès de la science. L'on reconnaîtra dès lors que le bon vin de Champagne mousseux (Dieu nous préserve des contrefaçons!) est non seulement la plus délicieuse, mais en outre la plus salubre de toutes les boissons.

Nous devons une réponse aux personnes qui ont pu s'étonner de nous voir rattacher une question œnologique à la morale publique; tout se tient, en effet, dans la vie d'un peuple, et si un spirituel écrivain, Brillat-Savarin, a pu dire plaisamment, et avec quelque apparence de raison: « Dis-moi ce que tu manges, et je te dirai qui tu es, » il serait plus exact de dire: « Dis-moi ce que tu bois, et je te dirai qui tu es, » car les liquides stimulants influent d'une manière plus sensible sur les habitudes morales des peuples que les aliments solides et presque exclusivement nutritifs. En conséquence, s'il est incontestable que le vin de Champagne mousseux porte à une aimable gaieté, réveille l'esprit et en fait jaillir les mots heureux; si l'ivresse même qui naît de son excès est fugace et n'a pas le caractère brutal de celle produite par les boissons purement alcooliques, n'est-il pas évident qu'un pareil vin ne provoque pas à l'ignoble et grossière orgie? Il est probable que lorsque les jeunes gens de bonne famille, vers la fin du XVIᵉ siècle, s'amusaient à voler des tripes à la halle, et allaient les manger au cabaret, le vin dont ils se contentaient était à l'avenant de leur ripaille, et ne ressemblait en rien à celui d'Aï ou de Sillery.

Faisons donc des vœux pour que le procédé de champanisation devienne plus facile et plus économique, de manière que la bouteille de vin mousseux, sinon de Champagne, du moins loyalement traité à la manière de Champagne, vienne égayer de temps en temps le repas du petit bourgeois et de l'ouvrier; ce serait un digne accompagnement à la poule au pot rêvée par Henri IV.

Mais que nous nous serions mal fait comprendre, si l'on concluait de ce que nous venons de dire que nous regardons l'abus des vins mousseux comme sans inconvénients, ni danger, en raison de ce qu'ils sont en général moins alcooliques que les vins placides. Nous savons, au contraire, que l'homme sage et qui veut user économiquement des ressources de la nature, se garde bien de faire un usage excessif, ni trop habituel, d'un stimulant quelconque, car il sait que ses organes finiraient par s'équilibrer avec cette cause extérieure, et n'en éprouveraient plus aucun effet. C'est alors qu'il risquerait, suivant la belle expression de Bichat, d'être stimulé en sens inverse en l'absence du stimulant habituel, ou parce que ce stimulant cesserait d'agir. Par exemple, chacun sait que le café a la vertu de tenir les sens éveillés et de raviver la pensée; cependant l'homme qui en ferait un abus prolongé arriverait certainement à n'en plus sentir les bons effets, et s'il venait, pour une cause ou une autre, à en suspendre un instant l'usage, il tomberait aussitôt dans un état de somnolence et de pesanteur d'esprit. C'est pourquoi je voudrais qu'on réservât les vins mousseux pour les joies de la convivialité, les fêtes de famille, enfin pour les occasions où le cœur éprouve le besoin de s'épanouir. La vie de l'homme serait d'une intolérable monotonie et perdrait de son ressort et de son activité, si elle n'était accidentée de temps à autre par quelques *extra :* c'est le père de la médecine, le grave Hippocrate, qui a établi ce principe, et il y aurait plus que du rigorisme à le nier.

Le moment est venu d'aborder la question technique relative à la production des vins mousseux.

De la champanisation des vins.

L'expression néologique de champanisation, employée pour peindre par un seul mot les conditions essentielles d'un problème œnologique de la plus haute importance, est une justice rendue aux viticulteurs qui, les premiers, sinon les seuls jusqu'à ce jour, l'ont bien compris, et en ont abordé résolûment toutes les difficultés. Avant de poser ce problème en termes clairs et concis, en tant que nous serons capable de le faire, nous allons rappeler sommairement les données sur lesquelles il repose.

Nous avons dit précédemment que la fermentation alcoolique produit non seulement de l'alcool, mais en outre du gaz acide carbonique et du ferment. Le gaz acide est une substance précieuse qui communique au vin des vertus particulières et qu'il importe d'y retenir ; le ferment est une matière détestable et qu'il est nécessaire d'en expulser. Toute la question est là.

Quelque bien clarifié que soit un vin, au moment où on le met en bouteilles, la fermentation qu'il doit subir pour devenir mousseux y engendre non seulement l'acide carbonique qui lui donne cette propriété, mais en outre et non moins nécessairement un ferment nouveau qui le rendrait trouble et malsain, si l'on ne parvenait pas à l'en extraire. Les collages et les soutirages auxquels on a préalablement recours pour réduire ce mauvais effet à ses moindres proportions possibles ne sauraient l'empêcher de se produire ; en un mot, l'on n'arrivera jamais à obtenir la charge voulue de gaz acide, sans qu'il se forme en même temps dans la liqueur une matière épaisse qui n'est autre que le ferment.

En sorte que voici les deux conditions essentielles du problème à résoudre : 1° renfermer le vin à l'état fermentescible dans un vase assez hermétiquement clos pour lui faire retenir l'acide carbonique qu'il dégage en fermentant ; 2° expulser du vase par un procédé mécanique toute la matière épaisse que la fermentation y a produite, sans laisser échapper le gaz comprimé dans le vin. C'est ce qui s'appelle le faire dégorger.

La première de ces deux opérations ne présente aucune difficulté sérieuse ; la seconde, au contraire, dans l'état actuel de l'industrie, en rencontre de fort grandes, et occasionne beaucoup de frais de main d'œuvre, ce qui explique suffisamment pourquoi, nonobstant les effets dépréciatifs de la libre concurrence, les vins de Champagne acquièrent, en passant à l'état mousseux, une valeur vénale triple ou quadruple de celle qu'ils ont en futailles. L'on se convaincra facilement, en lisant la description du procédé usité en Champagne, le seul jusqu'ici qui ait atteint le but, que cette industrie consciencieuse, mais déplorablement arriérée, ne prélève aucun bénéfice exagéré sur le consommateur.

Avant de décrire le procédé de dégorgement vulgairement employé, il est utile que nous fassions connaître le phénomène qui s'opère dans le vin, au fur et à mesure que le gaz s'y accumule, et que la tension du fluide augmente, car c'est sur lui que repose le procédé en question. Il est surprenant que les producteurs de

vins mousseux qui ont su tirer un si bon parti de ce singulier phénomène ne l'aient pas signalé; mais ce qui semble encore plus
étrange, c'est que les savants eux-mêmes n'en aient eu aucune connaissance, et que plusieurs d'entre eux le nient, par la raison que
leur théorie est impuissante à en rendre compte. Le récit des circonstances qui ont mis l'auteur de cet article à même de l'observer ne
sera peut-être pas sans intérêt; en tout cas, il viendra en aide à la
description :

En l'an 1811, un jeune marin, prisonnier de guerre sur les pon-
tons d'Angleterre, voulant échapper à l'ennui par l'étude, imagina
de faire une série d'expériences sur la fermentation alcoolique
dont il n'avait alors que des notions fort confuses; de toutes ces
expériences bien ou mal conduites, nous ne décrirons que celle qui
nous intéresse actuellement. Ce jour-là, notre œnologue en herbe
n'avait pu se procurer pour matières premières que des carottes,
de la mélasse et de la levure de bière; après avoir réduit les carottes
en pulpe et en avoir extrait le jus, il y ajouta une certaine dose de
mélasse et mit cet étrange moût en levain. Ce serait peu de dire
que la liqueur ainsi préparée était trouble, le fait est qu'elle avait
un aspect boueux. Quoi qu'il en soit, dès qu'elle eut manifesté un
commencement de fermentation, l'expérimentateur en remplit une
bouteille d'une force extraordinaire, et telle qu'on ne les fabriquait
alors qu'en Angleterre; enfin il boucha soigneusement, ficela et
cacheta ladite bouteille, et se mit en devoir d'observer ce qui allait
se passer en elle. Cependant le reste du liquide fut mis dans une
autre bouteille bouchée négligemment avec du papier.

A vrai dire, le prisonnier s'attendait, tant était grande son inex-
périence, à voir le tumulte ordinaire de la fermentation s'établir
dans les deux bouteilles; cependant il se manifesta seulement dans
celle à peine bouchée; quant à l'autre, voici ce qui s'y passait : dès le second jour, on pouvait remarquer, à la partie supérieure de la masse liquide, une zone d'une ou deux lignes d'épais-
seur, présentant une limpidité parfaite. Le jour suivant, la zone
limpide était d'un demi-pouce; enfin, comme la partie trouble du
liquide s'affaissait de jour en jour, et qu'en conséquence la région
claire et diaphane croissait d'autant en profondeur, l'observateur
déconcerté dans ses prévisions et ne concevant rien à ce qui se
passait sous ses yeux, s'avisa de percer le bouchon avec un fort
poinçon; dès qu'il eut retiré cet instrument, un fluide aériforme,
qui ne pouvait être que de l'acide carbonique, s'échappa avec
force à travers le trou, et en moins d'un clin d'œil toute la masse
liquide redevint trouble.

Qui pourrait dire ce qui se passa alors dans la tête ardente du jeune prisonnier, et combien il aspira à l'heureux jour où il pourrait donner suite à ses observations? Comme il était en prison volontairement, il demanda un *Transport office*, et obtint facilement, comme son grade lui en donnait le droit, d'être envoyé sur parole dans une petite ville où, par bonheur, il y avait une brasserie d'*ale*. C'est là qu'il eut connaissance du procédé des embouteilleurs (*bottlers*) d'Écosse, qui sera décrit ci-après, et qui repose sur le phénomène que le lecteur connaît à cette heure. Disons donc que la merveilleuse clarification qui s'opère dans la liqueur la plus trouble, dès qu'elle commence à fermenter en vase clos, ne provient pas uniquement de la différence de pesanteur spécifique des matières épaisses suspendues dans le liquide avec celle du liquide lui-même; il est évident, au contraire, pour quiconque voudra prendre la peine d'observer, qu'une cause plus puissante est ici en jeu, puisque les effets en sont plus prompts et plus intenses.

Quoi qu'il en soit, l'on se convaincra facilement, quand on le voudra, que la pression produite dans une liqueur fermentescible quelconque par l'accumulation du gaz, ne manque jamais d'amener aussitôt sa clarification, et que celle-ci est d'autant plus complète et plus prompte, que la tension est plus grande. J'étais loin de croire, il y a à peine trois mois, que ce phénomène, observé par moi en 1811, eût échappé aux savants et aux producteurs de vin mousseux, et ce ne fut pas sans étonnement que je reçus de plusieurs d'entre eux le modeste aveu qu'ils l'ignoraient, et que j'en entendis d'autres le nier. Voici, en effet, ce qu'écrivait à un grand viticulteur de la Champagne un savant, qui s'est occupé spécialement, et avec une haute intelligence, de la question des vins mousseux, et à qui une tierce personne avait fait part de mes observations.

« M. Rousseau semble croire que la tension du gaz précipite le » dépôt; scientifiquement il n'en est rien; le dépôt se précipite par » la seule différence de pesanteur spécifique avec celle du liquide. » En ce sens, la densité du liquide gazeux serait même un obstacle » à la précipitation, le dépôt tombe parce qu'il est plus lourd, » voilà tout. »

Je dus répondre, avec les égards dus à un homme d'un si grand mérite, que j'appelais de sa théorie à l'épreuve expérimentale; en effet, il suffit, pour se former une conviction à cet égard, de répéter l'expérience du prisonnier de guerre; que l'on prenne un moût quelconque aussi trouble qu'on voudra, mais dépourvu de ferment naturel; car si le liquide que l'on ne doit pas soumettre à la pression devait fermenter, l'expérience ne serait plus concluante, attendu que lorsqu'un moût fermente en liberté, on sait bien que le mouvement ascensionnel des bulles de gaz acide carbonique tend constamment à soulever les matières épaisses, et conséquemment à maintenir la liqueur trouble. Il convient donc, pour opérer loyalement, qu'on dispose d'une solution saccharine infermentescible, par elle-même, comme l'est la trempe de bière; pour lors, l'on ne mettra en levain que la portion du liquide qui doit fermenter en vase hermétiquement clos; l'autre portion sera mise dans un vase ouvert, ou bouché légèrement. Ces dispositions prises, j'ose affirmer d'avance que, dès que la fermentation se sera établie dans le premier vase, et que par cela même la tension intérieure y aura acquis une certaine intensité, c'est-à-dire de trois ou quatre atmosphères, la liqueur commencera à se clarifier, en commençant par en haut, et l'on verra la partie trouble s'affaisser progressivement, au fur et à mesure que la pression augmentera, tandis que la liqueur placée dans un vase ouvert demeurera trouble indéfiniment. En est-ce assez pour prouver que c'est la tension due à l'accumulation du gaz, et non la seule différence de pesanteur spécifique qui produit dans les vins mousseux bien dégorgés cette diaphanéité qui ne le cède en rien au cristal de roche, et qui en fait la plus suave et la plus saine de toutes les boissons? Nous démontrerons plus tard que c'est sur cet effet naturel inexpliqué jusqu'à ce jour que la pratique champenoise s'est fondée (1).

*Description du procédé employé à l'égard de l'*ale *d'Écosse.*

L'*ale* d'Écosse, amenée à l'état mousseux et limpide par le procédé que nous allons décrire, est une boisson qui peut supporter la comparaison avec les bons vins de Champagne, tant par sa saveur franche et exempte d'amertume, que par sa salubrité. Les industriels dont la spécialité consiste à mettre en bouteilles et à disposer à la mousse cette sorte de bière, semblent avoir compris le problème qu'ils ont eu à résoudre, aussi bien que les Champenois; mais il s'en faut que leur solution soit aussi ingénieuse et aussi satisfaisante que celle de ces derniers.

La bouteille destinée à contenir l'*ale* a le fond plat, au lieu de présenter, comme les nôtres, un absurde cône rentrant qui occupe inutilement une partie de la capacité du vase. Après avoir clarifié la liqueur, autant que possible, au moyen du collage, on l'introduit,

____

(1) Depuis que ceci a été écrit, nous avons entendu M. l'abbé Moigno fournir une théorie satisfaisante du phénomène en question; il la produira sans doute, sinon nous la produirions nous-même, en lui en laissant le mérite et l'honneur.

encore susceptible de fermentation , dans la bouteille , et l'on bouche celle-ci hermétiquement. Cette même bouteille est posée debout sur son fond dans un milieu frais, où elle fermente de nouveau. Cependant, comme la sorte de bière dont il s'agit ici es consciencieusement fabriquée, c'est-à-dire brassée à l'époque la plus froide de l'année et mise en levain à une basse température, sa fermentation ultérieure, dans les circonstances que nous venons de décrire , se fait lentement et sans tumulte ; or si le lecteur se rappelle l'expérience du jeune prisonnier de guerre, il sait d'avance ce qui se passe dans la bouteille d'*ale* ainsi traitée : la liqueur, en fermentant, dégage du gaz acide carbonique , et la tension qui en résulte précipite énergiquement tout le ferment qui se produit pendant l'opération. Cependant, comme le ferment de la bière est d'une nature fort visqueuse, et que d'ailleurs, par les raisons que l'on vient de voir, il se forme et se dépose très lentement , il s'ensuit que, lorsqu'on débouche la bouteille d'*ale*, le gaz qui s'y trouve comprimé à l'état vésiculeux et en quelque sorte latent, s'en échappe sans trop de fougue, en sorte que l'on peut verser la partie limpide de la liqueur avant que le mouvement ascensionnel des bulles aériformes ait eu le temps d'y ramener le trouble. Le tour demain de l'échanson consiste à verser soigneusement cette portion limpide, et à escamoter, pour ainsi dire le fond de la bouteille qui est horriblement trouble ; l'on peut juger combien un pareil procédé est défectueux , puisqu'il oblige à consommer la liqueur sur place, et n'en permet pas le transport au loin; c'est pourquoi il ne peut jamais constituer qu'une industrie de bas étage. Il en serait tout autrement si l'on appliquait à l'*ale* un procédé rationnel de champanisation ; une pareille innovation dans la manipulation de la bière, surtout dans les contrées où elle se consomme presque toujours mousseuse, opérerait une grande et salutaire révolution dans l'art du brasseur, qui, pour dire ici toute la vérité, en est encore chez nous , sauf quelques honorables exceptions, à ses premiers et ses plus grossiers rudiments.

Du procédé de champanisation usité en Champagne.

« Le vin mousseux, après avoir séjourné pendant un an dans les bouteilles , y forme un dépôt qui altère la transparence et la limpidité de la liqueur, et qu'il est indispensable d'enlever; c'est ce qu'on appelle en Champagne *faire dégorger le vin*.

» Afin de procéder à cette opération, enlevez l'une après l'autre chaque bouteille du tas , et la tenant de la main droite par le col, à·la hauteur de l'œil, le bouchon tourné en bas, imprimez à la bouteille pendant un quart de minute ou une demi-minute environ un léger mouvement horizontal circulaire, ou de tournoiement, comme si vous vouliez la rincer. Ce mouvement a pour but de détacher le dépôt qui s'est formé dans le flanc de la bouteille, et de le faire descendre lentement et sans secousse vers le goulot, ayant la plus grande attention possible de ne pas troubler le vin. Ce mouvement de rotation doit être exécuté avec beaucoup d'intelligence et d'adresse.

» Le dépôt étant détaché et amené vers le goulot de la bouteille, placez celle-ci sur une planche percée de gros trous ronds, dite planche à bouteille, de manière que le bouchon soit tourné en bas. Opérez de la même manière sur chacune des bouteilles successivement, après quoi laissez-les sur la planche pendant quinze jours ou un mois. Dans quelques maisons de commerce, on dépose les bouteilles dans une situation inclinée sur la planche percée, et l'on fait faire aux bouteilles un quart de tour chaque jour, afin de détacher sans secousse le dépôt et de le faire descendre progressivement sur le bouchon.

» Lorsque vous serez bien assuré que le dépôt s'est fixé sur les bouchons, sans que la limpidité du vin soit altérée, vous pouvez procéder au dégorgement. A cet effet, un ouvrier intelligent et habile enlève avec précaution la première bouteille placée sur la planche percée, et la tenant dans une situation renversée, le goulot en bas; il examine au jour ou à la lumière d'une chandelle si le vin est bien clair et bien vif; alors il place la bouteille et l'appuie le long du bras gauche, saisit le goulot avec la main gauche, la paume tournée en l'air, tandis qu'avec la main droite armée d'un crochet, il brise et détache le fil de fer qui retient le bouchon. Le vin et son dépôt sont lancés vivement au dehors de la bouteille, et tombent dans un petit cuvier. Aussitôt que l'ouvrier soupçonne que le dépôt est entièrement extrait, par un tour de main vif et précis, il retourne la bouteille et examine si le vin est parfaitement clair. Dans ce cas, il la donne à un autre ouvrier chargé de remplir le vide occasionné par le dépôt avec du vin bien clair. On bouche de nouveau la bouteille avec un bouchon neuf bien choisi, ou avec un bouchon qui a déjà servi, mais qu'on trempe dans l'eau-de-vie. On ficelle une seconde fois le bouchon avec une ficelle de chanvre, et par dessus celle-ci on fait une seconde ligature fortement serrée avec du fil de fer. On goudronne ensuite le bouchon et l'on remet les bouteilles en tas avec les précautions indiquées plus haut.

» Lorsque l'ouvrier, en continuant l'opération, trouve des bouteilles qui ne sont pas limpides, ou dans lesquelles le dépôt n'a pas entièrement descendu sur le bouchon, il les replace sur la planche percée pour les faire dégorger quelques jours plus tard.

» Il y a des vins qui exigent un deuxième et même un troisième dégorgement.

» Il arrive aussi que la fermentation du vin et la casse des bonteilles recommencent à la seconde année.

» Il résulte de tout ce que nous savons sur les divers modes d'obtenir des vins mousseux que cette fabrication repose encore aujourd'hui sur des procédés tout à fait empyriques qui demandent beaucoup d'adresse et d'intelligence. — Comment pourrait-on remédier aux pertes et aux inconvénients de la casse? Quel est le moyen de supprimer l'opération du dégorgement qui est aussi minutieuse que dispendieuse? Personne n'a, jusqu'à ce jour, essayé une autre méthode que celle généralement suivie. »

(Extrait de la *Maison rustique du XIX° siècle*.)

D'un procédé frauduleux tenté à plusieurs reprises.

Signalons en passant, pour le flétrir, un procédé qui consiste à prendre des vins placides et clarifiés que l'on traite à la manière des eaux gazeuses artificielles, c'est-à-dire en y introduisant par des moyens mécaniques un gaz obtenu chimiquement. Quand il arrive que le vin supporte un pareil traitement, sans perdre sa limpidité, sa saveur en est altérée, et l'on n'a d'ailleurs, par ce frelatage, qu'un vin fou, où le gaz acide n'est qu'emprisonné, et d'où il s'échappe instantanément en grosses bulles, ne laissant dans le verre qu'une liqueur plate et sans vertu. Quelque facile qu'il soit aux moins gourmets de découvrir une pareille fraude, il ne leur est pas toujours loisible d'échapper à ses conséquences, car s'ils ne sont pas absolument obligés de boire un pareil vin, nos lois et nos usages commerciaux sont si défectueux à certains égards, que l'infâme drogue, une fois débouchée et servie, doit être payée *illico* comme vin de bonne qualité, par l'imprudent amateur qui s'est fié a l'enseigne.

Nécessité d'un nouveau mode de champanisation.

Le lecteur a pu se faire une idée approximative, par le peu que nous en avons dit, combien le procédé usité jusqu'à ce jour en Champagne est arriéré et dispendieux, tant par les difficultés dont il est hérissé et la multitude des opérations qu'il exige, que par la casse des bouteilles. Cet accident occasionne une perte que la *Maison rustique du XIX°* siècle évaluait, année moyenne, à 20 pour 100 (1). Tant de causes onéreuses suffisent pour expliquer et justifier l'énorme accroissement de valeur vénale que prend

(1) Depuis l'année 1842, époque où la *Maison rustique* fut publiée, la verrerie est parvenue à fabriquer des bouteilles plus fortes; grâce à cette amélioration, la casse ne s'élève guère, dit-on, aujourd'hui au-dessus de 5 et 6 pour 100.

le vin de Champagne en passant à l'état mousseux ; en effet, il est notoire que celui des meilleurs crus acheté en futaille ne revient pas à plus de 40 à 80 centimes la bouteille, tandis que le même vin convenablement traité et devenu mousseux ne se vend pas moins de 2 à 3 francs. Et qu'on ne vienne pas attribuer cette énorme élévation de prix aux profits anormaux que feraient les *embouteilleurs*, car ces profits réglés par la libre concurrence ne sont en réalité que ce qu'ils doivent être. Il faut donc chercher ailleurs la cause d'une pareille cherté relative. Or, on peut être assuré qu'elle gît dans l'imperfection de la pratique en vigueur.

Cependant nous entendons crier bien haut que cette pratique a reçu depuis peu de grands perfectionnements, et que la dépense en est réduite à tel point qu'elle rend désormais inutile toute nouvelle invention. Nous devinons sans peine le motif mal raisonné d'une semblable allégation ; au reste, nous n'avons qu'une réponse bien simple à y opposer ! S'il est vrai que le procédé champenois dont les frais justifiaient naguère suffisamment la cherté des vins mousseux, se soit simplifié autant qu'on voudrait nous le faire croire, il semble que la valeur vénale du produit aurait dû se ressentir de ce grand perfectionnement ; or, il n'en est rien, ou du moins la réduction qui s'est faite depuis quelques années dans les prix des bons vins mousseux n'est pas telle qu'elle ne puisse s'expliquer par les efforts de la concurrence, par la vulgarisation de l'ancien procédé qui était demeuré jusque-là une sorte de monopole local ; enfin peut-être aussi, pour tout dire, par quelques améliorations de détail. Quoi qu'il en soit, la différence de prix entre un vin en futaille et le même vin devenu mousseux accuse encore une grande insuffisance dans la pratique en vigueur, et appelle une prompte réforme.

En quoi consiste le progrès désiré dans l'art de la champanisation.

1° Le procédé vulgaire de champanisation exige deux ou trois dégorgements par bouteille ; il importe donc, au point de vue économique de remplacer ces multiples opérations par une seule appliquée à une grande masse de liquide.

2° De l'aveu des producteurs champenois, recueilli par les auteurs qui ont écrit le plus pertinemment sur la matière, le succès du dégorgement dépend de l'adresse et de l'attention de l'ouvrier, et lors même que cet agent essentiel est parvenu par un long et coûteux apprentissage à posséder ces précieuses qualités, cela n'empêche pas que son opération ne soit inexacte, la plupart du temps ; c'est pourquoi il y aurait un avantage évident à se servir d'un instrument de précision qui n'exigeât dans ses metteurs en œuvre qu'une intelligence ordinaire et une attention facile.

3° Rien n'indique extérieurement à l'embouteilleur champenois

les progrès de la fermentation dans la bouteille, ni par conséquent
le degré de pression qui en résulte ; en conséquence, il est exposé à
livrer, sans le savoir, un vin dont la charge de gaz acide est insuffisante, ou à voir la bouteille faire explosion par suite d'une tension excessive. Ce serait donc pour lui un précieux avantage que
de connaître à tous les instants le degré de pression qui règne dans
la liqueur, soit pour y ajouter au besoin de la matière fermentescible, soit pour parer au danger de l'explosion, quand il devient
imminent.

4° Chacun sait combien le collage et le soutirage sont préjudi-
ciables à la qualité du vin ; or, c'est précisément sur les vins mousseux qui ont la propriété particulière de se clarifier spontanément
par le seul fait de la pression ultra-atmosphérique qu'on use de ces
tristes ressources. On conçoit facilement dès lors combien ils gagne-
raient en qualité à être mis à leur état naturel dans le vase, où ils
doivent prendre la mousse, pourvu qu'on disposât d'un moyen facile
et économique d'en expulser le dépôt, quelque volumineux qu'il fût.

D'un nouveau mode de champanisation.

Puisque l'économie exige que le dégorgement s'opère sur une
grande masse de liquide, au lieu de n'embrasser qu'une contenance
de moins d'un litre, et de se répéter un grand nombre de fois,
on peut se représenter l'œnophore comme d'une bouteille à vin
de Champagne dont la capacité serait d'un, de deux, ou même
de plusieurs hectolitres. Ce vaisseau, dont le diamètre ne doit
guère dépasser 30 à 35 centimètres, peut avoir telle longueur
que le local permettra de lui donner, attendu qu'il est fait pour demeurer presque toujours en position verticale ; outre cela, au lieu
de présenter à l'une de ses extrémités un fond sans issue et à
l'autre un col terminé par un goulot, comme c'est le cas de la bouteille ordinaire, il présente à chacune de ses deux extrémités la
forme de col de bouteille muni de son goulot ; en conséquence notre
œnophore est purement et simplement une immense bouteille de
forme allongée et ouverte par en bas comme par en haut. On verra
plus tard les raisons qui motivent cette disposition.

Si le lecteur n'a pas oublié ce qui se passe dans tout vase hermétiquement bouché et contenant une liqueur en état actuel de fermentation, il est à peine nécessaire de lui rappeler qu'il s'y
forme du gaz acide carbonique et du ferment, et que le gaz en
question ne trouvant aucune issue pour s'échapper, est retenu
dans la liqueur ; quant au ferment, il est précipité dans la partie
inférieure du vase, aussitôt que la pression causée par l'accumulation du gaz carbonique a acquis un certain degré d'intensité.

Ce sera donc sur le bouchon du goulot inférieur de l'œnophore que se formera le dépôt, comme nous le voyons dans la bouteille à vin de Champagne, lorsqu'on la tient en position renversée. Il est également clair que le goulot supérieur, où l'on doit avoir le soin de laisser un certain espace vide de liquide sous le bouchon, recevra une portion du gaz acide produit dans la liqueur en fermentation, et qu'il régnera dans ce milieu aériforme une tension égale à celle de la masse liquide.

Le goulot inférieur est garni d'un robinet au moyen duquel on opère le dégorgement par un simple tour de clef; cette opération se fait trop rapidement et donne lieu à une trop minime soustraction de liquide pour exiger aucune précaution, à l'effet de maintenir la pression. Mais si, après cela, sur la foi de la *Maison rustique*, on voulait procéder à l'embouteillage du vin mousseux tout simplement, comme cela se pratique à l'égard des eaux gazeuses, on éprouverait un cruel mécompte; car voici la progression suivant laquelle la pression du vin décroîtrait, au fur et à mesure que l'œnophore se viderait; supposons la pression actuelle de huit atmosphères :

Pression acquise	8 atmosphères.
Au 1ᵉʳ dixième de la mise en bouteilles.	7,30 atmosphères.
Au 2ᵉ	6,61 —
Au 3ᵉ	5,98 —
Au 4ᵉ	5,41 —
Au 5ᵉ	4,90 —
Au 6ᵉ	4,43 —
Au 7ᵉ	4,01 —
Au 8ᵉ	3,71 —
Au 9ᵉ	3,36 —
Au 10ᵉ	3,05 —

Or, il serait absurde de considérer une pareille inégalité de valeur dans la masse du produit comme une solution satisfaisante du problème; c'est pourquoi nous avons dû chercher le moyen de maintenir la pression à un degré à peu près égal dans l'espace laissé vide de liquide, comme il vient d'être dit, entre le niveau du vin et le bouchon. On conçoit en effet que si, nonobstant la soustraction du liquide, la masse aériforme contenue dans cet espace ne perd pas sensiblement sa tension, elle pèsera constamment sur le vin et y retiendra le gaz; en un mot, elle fera sur la masse liquide l'office d'un piston. Nous dirons tout à l'heure comment cette condition du problème se trouve remplie au moyen du gazostateur.

Le gazostateur est un réservoir d'air, ou d'un gaz quelconque tendu au même degré que le gaz acide l'est, tant dans le vin que dans l'espace vide que nous venons de décrire, et que nous appellerons désormais le tampon aériforme. Pour que la tension pût demeurer toujours la même dans ce milieu, il faudrait qu'il fût en communication avec un réservoir d'air ou de gaz tendu au même degré que lui, et d'une capacité infinie ; mais comme l'infini n'est pas au pouvoir de l'homme, et que d'ailleurs une grande approximation satisfait au besoin de la question, il suffit que le gazostateur soit d'une capacité décuple de celle de l'œnophore, en sorte que, lorsque l'opération de la mise en bouteille touchera à sa fin, on n'ait en réalité soustrait qu'un onzième de la masse tendue, moyennant quoi la dernière bouteille de vin sera aussi chargée de gaz que la première, à moins de 0,70 atmosphère près, fraction tout à fait insignifiante.

Quant à connaître à tous les instants le degré de pression que le dégagement de gaz carbonique produit dans le vin, il suffit de dire que l'on obtient ce résultat en mettant le tampon aériforme en communication avec le manomètre.

Ces notions préliminaires étant bien comprises, nous pouvons sans crainte d'être obscur décrire les diverses pièces dont se compose l'appareil à champaniser les vins.

La figure première représente l'œnophore suspendu à une poulie, au-dessus du caveau, où on le fait descendre et d'où on le retire à volonté, ce qui réduit les frais de cave au percement d'un trou en terre, où le vin trouve une température constante d'environ 10 degrés centigrades ; il ne sort de là que pour être dégorgé et mis en bouteilles à la grande lumière du jour.

Quelle que soit la matière dont on construit l'œnophore, il importe qu'elle soit absolument imperméable au gaz, indécomposable par les acides, et de nature à ne donner aucun mauvais goût au vin.

L'œnophore est terminé à sa partie supérieure par une cloche de cristal munie d'un goulot et destinée à contenir le tampon aériforme Cette cloche s'appelle l'*anoïne*.

A la partie inférieure de l'œnophore se trouve une autre cloche de cristal semblable à l'anoïne, et que nous appellerons la *catoïne*: celle-ci reçoit le dépôt qui se forme dans le vin; c'est pourquoi elle est garnie d'un robinet au moyen duquel on opère le dégorgement. A l'orifice de ce même robinet s'applique la machine à boucher, qui peut être celle usitée pour le tirage des eaux gazeuses.

Outre les tubes qui servent à mettre l'anoïne en rapport avec le gazostateur et le manomètre, il y en a un qui sert, pendant l'embouteillage, à établir à volonté la communication entre le tampon aériforme et la bouteille qu'on se dispose à remplir. Par ce moyen, l'équilibre de pression s'établit aussitôt entre la bouteille, le tampon aériforme et le gazostateur ; en sorte que le vin entrant dans un milieu aussi comprimé que lui, ne laisse point échapper son gaz. On sait combien la production de la mousse pendant l'embouteillage est importune et cause de gachis ; on évite ce mal en ouvrant et en fermant à temps le robinet de communication mis à la portée de la main de l'ouvrier.

L'avantage de tenir l'œnophore suspendu ne consiste pas seulement dans la faculté de le descendre sous terre et de le remonter au grand jour à volonté ; cette disposition permet, en outre, de le faire basculer, de manière à amener momentanément la catoïne en haut et l'anoïne en bas ; on peut, par ce moyen, maintenir l'anoïne bouchée constamment et emplir l'œnophore par le goulot de la catoïne, ce qui dispense de beaucoup de soins. Enfin, on peut, quand on le juge nécessaire, détacher les tubes qui mettent l'anoïne en communication avec le gazostateur et le manomètre, et imprimer à l'œnophore un mouvement de rotation autour de son axe, en même temps qu'on fait décrire un petit cercle à un point moyen de la corde de suspension ; on effectue ainsi d'une manière parfaite le mouvement de tournoiement décrit par la *Maison rustique* et destiné à détacher de la paroi du vase, les portions de ferment qui s'y trouvent retenues et qu'on veut précipiter dans la masse du dépôt.

Le gazostateur est formé de plusieurs cylindres de forte tôle encastrés dans un bloc de bitume et communiquant les uns avec les autres ; pour plus de commodité, cette portion de l'appareil est logé sous terre. Un seul gazostateur peut desservir un très grand nombre d'œnophores, ce qui réduit la dépense de cette pièce à peu de chose pour chaque hectolitre de contenance.

Si l'on se défie de l'attention des ouvriers à consulter, chaque jour, le manomètre, afin de parer à temps au danger d'explosion, en ouvrant le robinet qui intercepte la communication entre l'anoïne et le gazostateur, on peut faire entrer dans la construction de l'appareil une soupape de sûreté et même garnir son orifice d'un sifflet d'alarme, comme nous l'avons fait nous-même, par surcroît de précaution.

Les limites dans lesquelles nous sommes obligé de nous restreindre ne nous permettent pas une plus ample description du nouvel appareil à champaniser ; mais les personnes qui s'intéressent à la solution rationnelle de cet intéressant problème œnologique peuvent assister aux expériences et à la démonstration publique qui en sera faite très prochainement, rue Campagne-Première, n° 3, en présence des membres délégués de la Société d'encouragement et de plusieurs autres corps savants. Du reste, pour répondre en un seul mot à une foule d'objections qui nous arrivent de toutes parts, notamment de la Champagne, qu'il soit bien entendu que l'inventeur du nouvel appareil ne prétend apporter aucune innovation dans la manière de traiter les vins, en vue de les disposer à la mousse ; peu lui importe à quelle époque de l'année et à quel âge de la lune on doit mettre la liqueur en bouteilles, quels ingrédients il convient d'y introduire, soit pour y réveiller la fermentation, soit pour corriger son trop de verdeur ; enfin l'appareil n'a point pour objet d'abréger le laps de temps nécessaire pour produire un bon vin mousseux ; la seule modification importante que son emploi apporte à la manipulation du vin destiné à la mousse consiste à supprimer le collage, le soutirage et autres pratiques semblables, puisque le vin, quelque trouble qu'il soit, quand on le confie à l'appareil, s'y clarifie spontanément par le seul fait de la pression, tandis qu'en suivant l'ancien système, quelque limpide que soit ce vin, quand on le met en bouteilles, il s'y forme nécessairement un dépôt engendré par la fermentation. Ajoutons, toutefois, que si le vin mis dans l'œnophore décèle ultérieurement quelque vice de nature, soit trop de verdeur, soit insuffisance de tannin, soit paresse à fermenter, rien n'est plus facile que d'introduire dans ce vin le principe correctif du vice observé en lui ; il suffit pour cela de renverser le vaisseau et d'appliquer au goulot de la catoïne celui d'un vase contenant la liqueur réparatrice ; la juxtaposition des deux goulots une fois établie, on ouvre le robinet et la liqueur en question tombe dans le vin ; on ferme alors le robinet et l'on replace l'œnophore dans sa position normale.

En dernière analyse, l'invention qui nous occupe repose, non sur l'introduction de nouvelles substances, ni sur la mise en œuvre d'un nouveau système de champanisation, mais uniquement sur l'emploi d'un instrument nouveau avoué par la science, d'un usage facile et joignant la précision à l'économie, en remplacement d'une pratique minutieuse inexacte et dispendieuse. Du reste, que le précieux vignoble de Champagne ne s'alarme pas d'un progrès dont, à vrai dire, le public doit profiter un jour, mais dont, par la seule force des choses, il est appelé à recueillir les premiers et les meilleurs fruits. Quant à l'inventeur, quelque convaincu qu'il soit que les vins de Champagne mousseux conserveront en tout état de cause leur incontestable supériorité, il espère néanmoins que son appareil permettra à un grand nombre de contrées viticoles de figurer en seconde ligne et de convertir leurs vins blancs, pourvu qu'ils soient francs, légers, et exempts de goût de terroir, en bon vins mousseux, au grand avantage de la richesse publique. Mais n'oublions pas que lors même que ce serait une bonne spéculation de champaniser un vin trop spiritueux, ce n'en serait pas moins une mauvaise action. L'appareil à champaniser est placé sous la protection d'un brevet de quinze ans, en date du 11 février 1851, et d'un brevet d'addition en date du 3 avril 1852.

Paris. — Imprimerie de M. L. MARTINET, rue Mignon, 2.
(Quartier de l'Ecole-de-Médecine.)

ÉLÉVATIONS & COUPE de L'**APPAREIL** à CHAMPANISER.

Légende explicative.

A Œnophore.
B Machine à mettre en bouteilles, vue de face.
B' Même machine, vue de profil
b Robinet servant à établir et intercepter la communication entre la bouteille B' et l'avoine
C Tubes composant le fournisseur
D Caveau de l'Œnophore
E Manomètre

F Tube de communication entre l'avoine et le manomètre
F' Tubes semblables communicant de l'avoine au pasostateur
F'' Tubes servant à établir et intercepter la communication de la bouteille avec l'avoine.
G Avoine
H Colonne.

NOTA. L'Élévation fig. N° 1 et la Coupe fig. N° 2 sont à l'échelle de 0,33 millim. pour mètre et l'Élévation fig 3 à l'échelle de moitié

Fig. N° 3.

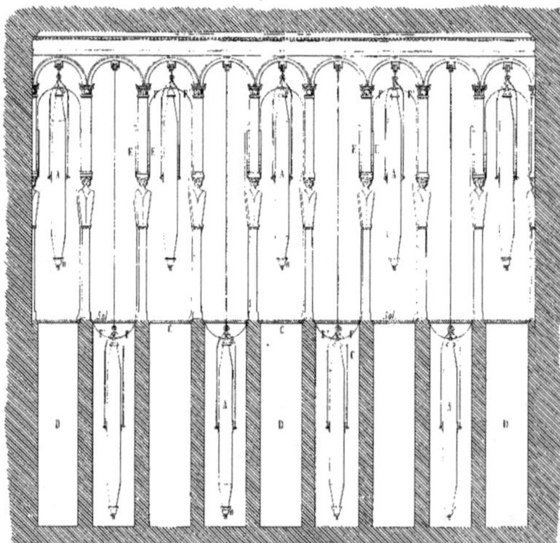

Fig. N° 1.

Fig. N° 2.

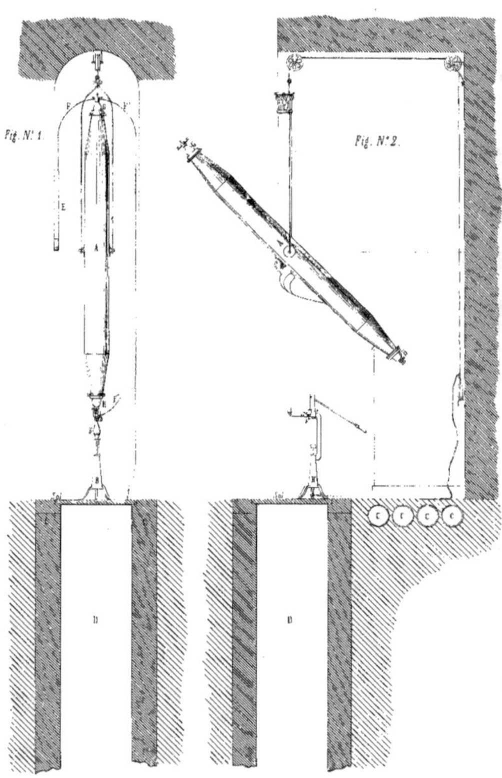

www.ingramcontent.com/pod-product-compliance
Lightning Source LLC
LaVergne TN
LVHW010505060726
842527LV00005B/1879